小学生安全防护读本

校园生活安全书

孙宏艳 编著

北方联合出版传媒（集团）股份有限公司
辽宁少年儿童出版社
沈阳

图书在版编目（CIP）数据

校园生活安全书 / 孙宏艳编著. — 沈阳: 辽宁少年儿童出版社, 2016.7
（小学生安全防护读本）
ISBN 978-7-5315-6843-8

Ⅰ. ①校… Ⅱ. ①孙… Ⅲ. ①安全教育－少儿读物 Ⅳ. ①X956-49

中国版本图书馆CIP数据核字(2016)第134870号

出版发行：北方联合出版传媒（集团）股份有限公司
辽宁少年儿童出版社
出 版 人：张国际
地　　址：沈阳市和平区十一纬路25号
邮　　编：110003
发行部电话：024-23284265　23284261
总编室电话：024-23284269
E-mail:lnsecbs@163.com
http://www.lnse.com
承 印 厂：阜新市宏达印务有限责任公司

责任编辑：马　婷
责任校对：高　辉
封面设计：白　冰　程　娇
版式设计：程　娇
插　　图：程　娇
责任印制：吕国刚

幅面尺寸：150mm × 210mm
印　　张：3.25　　　字数：51千字
出版时间：2016年7月第1版
印刷时间：2016年7月第1次印刷
标准书号：ISBN 978-7-5315-6843-8
定　　价：12.00 元

目录

危险游戏不好玩 …… 1

当你受了冤枉或委屈 …… 11

委婉拒绝不当请求 …… 21

大考到来心不慌 …… 31

别让健身伤了身 …… 41

面对误解笑一笑 …… 51

羞答答的玫瑰静悄悄地开 …… 61

助考药物要慎用 …… 71

意气用事害死人 …… 81

校园小霸王不可怕 …… 91

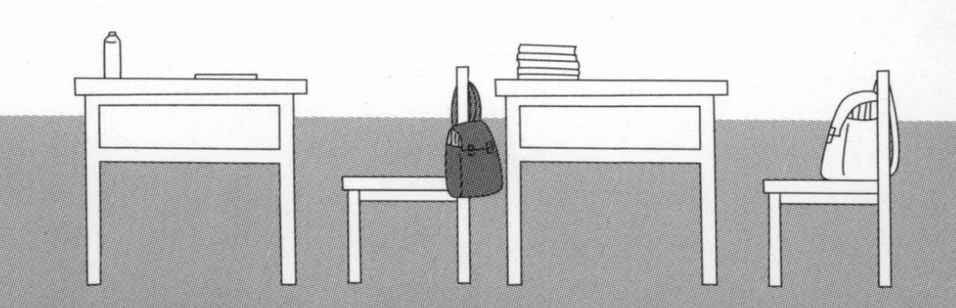

谨防恶作剧害人害己

网络游戏中，死了可以重新来，但是现实中，每个人的生命只有一次，一旦失去就不能复得。因此，在生活中，我们一定要拒绝参与危险游戏，以免对自己和他人造成伤害。

赵歆和刘希是好朋友。课间休息时，赵歆在走廊里追上刘希，在后面拍了他一下。刘希回头看时，赵歆为了避开他的视线，猛地往旁边一躲，不小心，后背撞在了一扇铁窗上。刘希惊奇地看到，赵歆的笑容僵住了，身体开始往前倾。过了一会儿，他跪下了，随即倒在地上，面色苍白，一句话也说不出来，只能急促地喘息。大家紧张起来，有的叫老师，有的抬他去医务室。学校马上把赵歆送往附近的医院，结果，半路上赵歆就停止了呼吸。好端端的一个人，就这样因为开玩笑而突然死了。医生检查后发现，赵歆的胸腔里有600毫升的积血，因积血压迫心脏致死。医生分析说，赵歆的死亡与那一下猛烈的撞击有很直接的关系。因为开玩笑而丧生，这实在是一个生命的悲剧。

13岁的刘军和12岁的张健都是五年级学生。一天，午餐的时候，贪玩的刘军在学校餐厅吃完饭后便与张健等同学一起到学校礼堂玩耍。张健发现主席台上有一张破旧不堪的竹凉床，就折下一块一米多长的竹片，对准乒乓台一阵猛打，刘军也觉得好玩，就从张健手中取过一根，两人对着台子，面对面地抽打起来。正在教室午休的学生干部李浩来到礼堂，对两人加以制止。但两人对李浩的劝阻不但不听，反而打得更起劲。几分钟后，刘军一时兴起，跨上球台，试图占据有利位置后用竹片与张健对打，不料还未站稳，张健手中的竹片断头就飞进刘军的左眼，血从刘军的眼眶中流出。刘军双手紧捂双眼，疼得身体紧缩一团，不住地呻吟起来……后来，虽经医院全力救治，刘军的左眼还是没有保住。

实例3

在来往车流飞快穿梭的十字路口，一些小学生正在玩“勇敢者的游戏”：就在前方绿灯放行，车辆疾驶而来时，一个孩子突然冲向马路中间，弯身取回一个饮料盒后，再迅速跑过来，吓得过往司机纷纷刹车，围观的孩子却纷纷拍手叫好。孩子们为什么玩这么危险的游戏？他们说，“勇敢者的游戏”是从网络游戏中学来的，主要考验参赛者的胆量、手脚协调和反应能力，目标物多种多样，难度系数也不一样，初次参加只能是捡回饮料盒什么的。“这叫什么游戏？简直是拿生命当儿戏嘛！我这是刹住车了，万一失手怎么办？”一位驾驶员紧急刹车后，愤怒地说。然而这些孩子却没有意识到这个游戏的危险性。

小知识1：哪些场所不适宜玩游戏

游戏要注意选择安全的场所。要远离公路、铁路、建筑工地、工厂的生产区；不要进入枯井、地窖及防空设施；要避开变压器、高压电线；不要攀爬水塔、电杆、屋顶、高墙；不要靠近深湖（潭、河、坑）、水井、粪坑、沼气池等。

小知识2：游戏时要选择合适的时间

最好不要在夜晚游戏，天黑视线不好，人的反应能力也会降低，容易发生危险。而且游戏的时间不能太久，这样容易过度疲劳，发生事故的可能性就会大大增加。

以生命健康作为代价来玩游戏，是极度危险的。

小志是六年级的学生，最近，他们学校流行一种“体验死亡”的游戏。这种游戏的玩法是：一个同学在另一个同学的心脏部位紧紧压住5分钟以上，使之产生幻觉，“感觉到全身没有力气，四周一片漆黑，接着，一些很恐怖的事情和鬼怪会在脑子里出现”。有时候，被压迫心脏的学生可能还会“慢慢地跟昏死过去一样”，另一个学生就会一个耳光将其弄醒。

因为父亲是医生，小志耳濡目染地知道不少有关人体的知识，他感觉这个游戏可能对身体有害，便向父亲咨询。听到小志讲述后，父亲大吃一惊，连忙告诫小志不可玩此类游戏，因为这种游戏非常危险。父亲解释说，做这个游戏时，胸部受到严重压迫，肺部不能进行充分的换气，从而使体内严重缺氧，导致心慌、气短、恐惧、乏力、心脏部位有压迫感或窒息感，甚至发生晕厥等。而产生幻觉、看到鬼怪等现象，是脑部缺氧的结果，由于缺氧导致出现头昏、恐惧的感觉，这感觉如果产生在曾经听过鬼神故事的人身上，就很可能产生“被鬼捕捉”的联想。

小志听了父亲的讲解，明白了这种游戏具有非常大的危险性。回到学校后，他不仅自己拒绝玩这个游戏，还劝告其他同学也不要再玩。

日常游戏活动要注意安全

- 突然性的打逗很危险，自己不要去“袭击”别人，也要注意别人和你这样打闹的时候，尽量不要去应和。

● 不要玩“挤狗屎”之类的游戏：大家围在一起，把一个人挤在角落里，这样被挤在角落里的那个人很容易造成窒息。

● 不玩“砸夯”之类的游戏：即几个人各拉住一个人的胳膊、腿、头等部位，往地上墩屁股。

● 别人在玩单双杠时，不要胳肢他人，以免对方摔在地上。

● 不要在生活中模仿网络游戏，网络和现实生活有很大的差别。

● 不要模仿电影、电视中的危险镜头，例如扒乘车辆、攀爬高的建筑物，用刀棍等互相打斗、用砖石等互相投掷、点燃树枝废纸等。因为电影电视中的情节与现实生活有很大差别。

请你判断下面的做法是否恰当，
恰当的请画上☺，不恰当的请画上☹。

1.龙宏是个活泼好动的男生，下课后他经常和同学在走廊里追逐嬉戏。

2.星期天，贺江的朋友邀请他去附近的水库游泳，他拒绝了，还劝同学也别去，因为最近下了大雨，那里很危险。

3.苏年和几个朋友在操场上玩，当他看到郝敏偷笑着向准备跳远的辛迟背后推时，连忙拉住他，告诉他这样做太危险了。

4.孙鹤很喜欢玩电脑游戏，有空的时候他还和同学一起模仿游戏里的主角进行一些冒险尝试。

5.许羽很爱和同学开玩笑，上自习课前，他悄悄把前面同学的椅子抽掉。结果，对方坐到了地上，全班同学都大笑起来。

答案

1. 在走廊内追逐，既可能碰倒别人，也可能碰伤自己。

2. 外出玩耍一定要避免去有危险的地方。

3. 和同学开玩笑一定要注意场合和分寸，苏年了解这一点，他及时阻止了玩笑可能带来的危险。

4. 电脑游戏的活动是不适合现实生活的，尤其是身体发育尚不成熟的少年儿童，无法控制游戏中的危险因素，因此绝对不可模仿。

5. 同学直接开点无伤大雅的玩笑无妨，但是许羽的这个恶作剧有可能使同学受伤，是不可取的。

当你受了冤枉或委屈

理智对待老师的不当态度

我虽然不能阻止别人不对我做任何不公正的批评，我却可以做一件更重要的事：我可以决定是否让自己受到那不公正批评的干扰。

实例1……

一位小学生因为写错了17个生字而被老师惩罚倒立30分钟，此后几天一直觉得头疼、恶心，经常呕吐，但是他却什么也没有对父母说，因为他害怕父母会加倍惩罚他。后来，他的行为发生了很大的变化：本来特别活泼的人却不喜欢出去玩了，甚至很少找伙伴玩，总是在家里待着，似乎整个人都蔫了。

实例2

古代有一个寓言故事：爷爷和孙子赶着一头毛驴到集市上，路上有人议论道："这爷儿俩多傻，有驴不骑，却偏要步行。"爷爷一听有道理，就让孙子骑到驴上继续赶路。这时又听有人说："这孙子不孝顺，怎么能让老人走，自己骑驴呢？"爷爷听后便让孙子赶驴，自己骑上去。刚刚走了一段，又听有人说："这老汉也忍心，自己骑驴，让孩子走。"爷爷一听，满面羞红，赶紧让孙子也骑了上来。却不想又有人说："多么残忍，俩人压在驴身上！"爷儿俩想来想去，决定抬着驴走。结果又惹得众人大笑："这爷儿俩真是愚蠢至极。"

小知识：老师体罚学生是否违法

《中华人民共和国义务教育法实施细则》第22条明确规定：学校的教职员不得对未成年学生实施体罚、变相体罚或者其他侮辱人格尊严的行为，“对侵犯未成年人合法权益的行为，任何组织和个人都有权予以劝阻、制止或者向有关部门提出检举或者控告”。

自护智多星

有错认错，是知耻的表现；没错认错，却是包容、豁达的表现。

记得有一天，我开完早会，回到教室，看到一个“空牛奶盒”被丢在讲台上……

倪老师

出现误会或不愉快的事情时，体谅和宽容是解决问题最好的办法。

在我们的生活和学习中，师生之间相处久了，难免会出现误会或不愉快的事情。这时候，体谅和宽容往往是解决问题最好的办法。

被老师冤枉怎么办

- 首先要冷静，不与老师、同学争辩顶撞，耐心听完老师的讲话，弄明白事情的具体情况。如果确实是老师批评错了，等老师情绪平稳后诚恳地向老师讲明真相。

- 如果有可能，请同学做证，相信老师弄清问题的来龙去脉后，会还你清白的。

- 如果你认为自己没有办法说清楚被委屈的事情，可以把想法告诉父母，请他们帮助你解决问题。

- 如果发生的只是很小的事情，你又认为没有必要一定跟老师说清楚，可以不必放在心上，要学会“宰相肚里能撑船”，心胸开阔一些。这样同学、朋友也会更加敬重你。

- 对老师批评的话要认真思考，想想自己为什么会被冤枉，做到“有则改之，无则加勉”。

- 不要和老师对着干，例如，你说东，我做西，你的课我缺席，或是做别的事情，甚至睡觉。这些行为都不利于自己的学习，也无益于纠正老师的偏见。

- 不计较老师的过错，即使曾与老师发生过争执，仍然应该尊敬老师。学习上有了问题，要耐心向老师请教，并及时感谢老师的帮助。

被老师伤害怎么办

- 如果老师以恶毒、讥讽的语言辱骂你，或施以拳脚教训你，你应该义正词严地当面指出这是侵权行为，要求老师赔礼道歉，不要害怕打击报复。

- 如果老师已经认识到自己的行为是不对的，你最好能原谅老师，因为有时老师确实是为了你们好，尽管他们的做法是不对的。

- 如果老师依旧变本加厉地继续伤害你，你要及时地向父母、校方领导或者你信得过的人述说老师的行为，请求他们帮助你。

- 如果学校对你所反映的情况不予理睬，甚至包庇、纵容，你可以向当地的法律机构反映，也可以拨打侵权投诉热线电话，求得帮助和支持。

- 要树立自立、自强、自重、自尊的坚定信念，多学习法律知识，学会用法律武器保护自己不受任何伤害。

请你判断下面的做法是否恰当，

恰当的请画上☺，不恰当的请画上☹。

1.茜茜对英语老师很不满意，她感觉英语老师总是偏心少数几个同学，从来都没关心过自己，所以，茜茜对英语一点兴趣都没有，上英语辅导课时常常做数学作业。

2.当同学犯错时，班主任老师经常以打板子的方式惩罚，甚至有时会拳打脚踢。高阳认为这种方式太不合理，他请求父母帮助自己转到其他学校。

3.上课时，杨岩的同桌和他说话被老师看到，老师却把他们俩都批评了。杨岩觉得自己很冤枉，立刻就和老师争辩起来。

4.李强和孙平发生争执，打了起来，赵峰去拉架，老师看到混乱的场面非常生气，先罚他们每人在操场跑了三圈。赵峰当时没申辩，事后，老师发现自己冤枉了赵峰，主动向他解释并道歉。

1. 以放弃学习来表达对老师的不满是非常不明智的做法。即使老师真的有点偏心，茜茜可以主动向老师多提问和请教。还可以通过课堂认真听讲和课后努力学习，来获得知识。

2. 老师以体罚的方式对待同学的确是不对的，要是这种行为是经常性的，我们的确应该改变这种情形。如果与老师和学校沟通无效，换个环境也不失为一个可取的办法。

3. 课堂上，老师的注意力大多放在教学内容上，对于课堂中同学间的细节往往观察不到。杨岩可以事后向老师解释。或者，自己心胸开阔些，体谅老师的过失，能够不予计较就更好了。

4. 赵峰的表现很成熟。他能够理解老师的情绪，也能够宽容老师的错误处理方式。这样，既不会使事态激化，自己也不会愤愤不平，从而避免影响自己的心态和师生关系。

委婉拒绝不当请求

怕得罪老师怎么办

如果老师或校长对学生提出一些不合理的要求，怎样才能更好地保护自己又不得罪老师呢？委婉拒绝、学习一些拒绝的技巧，就能达到自我保护的目的。

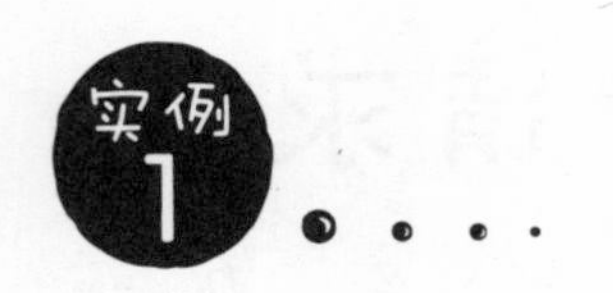

董彦最近特别苦恼。那天，语文老师突然要请她去家里吃饭。平时，老师对她并没有特别热情，这次单独请她吃饭，让她有些受宠若惊。教语文的于老师30多岁，长得很漂亮，大大的眼睛，皮肤也很好，同学们都挺喜欢她。

董彦跟着于老师到了她家，于老师让她先在电脑上玩一会儿，自己就到厨房去准备饭菜。她一边做饭一边和董彦聊天，东一句西一句地聊着，还问她爸爸妈妈都是做什么工作的，尤其对董彦的爸爸，于老师问得更多。例如："你爸是厂长还是副厂长？""他都管哪些业务？"对爸爸的工作，董彦知道的并不多，因此回答得也很含糊。但是渐渐地董彦还是听明白了，于老师想让董彦的爸爸帮忙，给她丈夫调动工作。于老师说她这些年一直和丈夫两地分居，她丈夫做的工作到董彦爸爸单位非常合适。一顿饭董彦吃得很忐忑。她回家把老师的意思告诉爸爸，爸爸说："这个我真的办不了，我没有那么大的权力呀！我们单位现在进人要经过正式的笔试和面试，考核非常严格。如果于老师的爱人想来，可以把简历投到爸爸单位的人事处去，由他们统一考试。"

第二天，董彦把爸爸的话跟于老师说了。于老师好像有些不高兴，一天都没怎么搭理董彦。这一天，董彦的心里都是七上八下的，她担心老师生气了，又怪罪爸爸不帮忙。这要是万一得罪了老师可怎么办？后来的几个月，于老师再也没跟董彦提起这件事。可是越是这样，越让董彦心里不好受，她担心得罪老师。

小知识：什么是不当请求

对你的请求你无法做到，远远超出了你的能力。对你的请求让你不舒服，不是你想去做的事情。对你的请求违犯法律或道德。

老师对你的要求让你感到为难时，你会怎么做？

老师特别喜欢多多，总是叫多多帮老师做事情。开学没多久，老师就让多多帮她判作业，每天放学后多多都回家很晚，不仅要判作业还要登记分数等。老师教几个班级的数学，快150本作业都要多多一个人判。刚开始，多多也很高兴，她认为这是锻炼自己的好机会。但是时间久了多多就烦了，她每天都没有时间写作业，更没有时间复习。爸爸妈妈对此也变得不满意，他们担心多多回家太晚不安全。可是，怎样才能拒绝老师又不让老师生气呢？这让多多很为难。

后来，妈妈帮多多想了一个办法，用拖延和请假的办法，改变老师的做法。这天放学后，老师又叫多多到办公室去判卷子，多多捂着肚子说："老师，我肚子疼，已经疼了一节课了，好不容易坚持到现在。我妈妈说等会儿来接我去医院。"无奈，老师只好放走了多多。连续一个多月，多多总是请假，不是肚子疼，就是要上课外补习班，要么就是妈妈要带她去姥姥家……总之，多多用各种借口推辞老师的请求。

一个多月过去了，老师再也不找多多判作业了，大概老师也猜出了多多的心思，原来这是多多在委婉地拒绝她呢。

当老师的请求你做不到时

- 面对老师提出的一些你无法做到的请求，不要立刻拒绝。可以先回家跟父母说说这些事。

- 要诚恳地向老师解释自己为什么不能完成老师的请求。

- 最好让家长和你一起当面对老师做些说明。

- 用其他方式给予老师帮助。例如，老师请求你的父母帮忙调动工作的事情你帮不了，但是你可以请父母帮忙为她介绍一些合适的企业，或者介绍一些应聘的注意事项等。

当老师的请求让你不舒服时

- 有的老师提出的要求虽然没有违犯法律或道德，但是会让人很不舒服。这时要委婉拒绝。

- 找借口是一种方法，必要时也可以用一些谎言拒绝。

- 拖延时间。把老师交代今天办的事情拖到明天、后天、大后天……

- 用幽默的方式。曾有人向美国总统罗斯福打听潜艇基地的计划。罗斯福向周围看了一眼，压低声音说："你能保守秘密吗？"对方答道："当然能。"罗斯福笑着说："我也能。"这种幽默的拒绝方式，既保持了朋友关系，又让对方不尴尬。

- 用缓冲的方法。比如说："我回家和爸爸妈妈说一说，然后再答复您，好吗？"

当老师的请求违犯法律或道德

- 有的老师缺乏职业道德，对学生提出一些无理的要求。这些要求可能让你很反感，这时要明确拒绝，不要让老师以为你即使现在不答应，以后也会答应。可直截了当地告诉老师“不行”“我不愿意”“我爸爸妈妈不会允许的”。

- 不要怕得罪老师。如果是缺乏道德良知的老师，得罪了也没什么可怕的。

- 要把老师的不当请求及时告诉家长，请家长帮助。

- 必要时要把老师的不良行径报告校长或上级主管部门。

请你判断下面的做法是否恰当，
恰当的请画上☺，不恰当的请画上☹。

1.昭昭的老师总是请昭昭到他家里去玩，每次去的时候昭昭都心里慌慌的，她感觉到老师的目光有些暧昧。可是她不敢不去，生怕老师不高兴，怕得罪了老师。她很想把这些事告诉妈妈，又担心妈妈骂自己不懂事。

2.郝睿的爸爸是交警。一天，老师喝酒开车违章了，想请郝睿的爸爸帮忙走走关系，免予处罚。爸爸告诉郝睿，这个忙不能帮，请老师理解。爸爸还给郝睿老师一个电话号码，是那种专门帮喝酒人代驾的电话，他告诉老师，这个代驾的人是他的朋友，以后再喝酒了可以放心地请他代驾，保证不收代驾费。

1. 昭昭这样勉强自己做违心的事，会让老师误以为默许了他的行为，很容易得寸进尺地采取更过分的行为。昭昭不把这件事告诉爸爸妈妈，就是把自己置于危险的环境中，是不爱护自己的表现。

2. 郝睿爸爸的做法很聪明。他既理智地拒绝了老师的不当请求，又提出了一个新的帮助老师的方法。这样老师就不会不高兴了。

大考到来

心不慌

沉着应考有秘籍

考试是学习过程中的一个重要环节，面对考试的压力，如果不能坦然面对，就无法考出理想的成绩。更为严重的是，过度焦虑还可能危害身心健康。

实例1

文文是一个要强的女孩儿，在班级里学习成绩一直很好。在众多的竞争对手面前，她从不示弱。升学考试就要到了，但最近文文却没有心思学习了，一向温和的性格也改变了很多，经常和父母、同学发火。文文的这种症状，其实是考试焦虑症的一种。这些症状往往是由考试压力引起的，在考试前一段时间和考试时表现尤为明显，考试结束后逐渐减轻或不治自愈。

小知识1：考试焦虑的几种常见类型

- 高期望值型：认为学习是生活中最重要的事情，“一定要考好”的高期望值使他们总是处于一种竞争状态，心理始终无法放松。

- 缺乏自信型：对自己的实力缺乏信心，学习上有点“盲目”。于是，他们找老师“恶补”，反而弄得身心疲惫。

- 重症型：对考试极度焦虑，心理上的障碍已经体现在生理方面，出现反胃、眼黑、头昏等身体问题。

小知识2：为什么会出现考试焦虑症

情绪情感理论研究表明：凡是不符合人的需要或违背人的愿望、观点的事物，就会使人产生烦闷、厌恶等否定的情绪或情感体验。出现考试焦虑症的主要原因大多是父母、教师对学生的期望值过高引起的，也有一些是因为学生为自己确定的目标过高。

由于担心无法满足教师和父母的期望，学生的注意力总是分散到各种各样的担忧或顾虑的事情上，这种消极的情绪反应阻抑了个体的认知活动，容易使思维活动陷入呆滞状态。因此导致不同程度的学习困难，如记忆力下降、精神难以集中、平时记得很清楚的东西这时怎么也想不起来等，从而不利于学习和考试。

考试来临，你会做哪些考前准备？

明天就要参加毕业升学考试了。为了考试时能够保持从容轻松的心情，小涛仔细考虑了考试的各个环节，他的想法是这样的：

调整紧张情绪的几种方法

• 平静心态法：端坐在考桌前，双脚放平，两眼微闭，注意力集中在起伏的腹部。此法简单易行效果好。

• 自我暗示法：做几次深呼吸，排除心中的杂念，或者默默对自己说“我不怕”“我会考好的”“我心里很平静”，通过这样的方法使自己增强信心。

• 耳壳按摩法：双手相互摩擦，直到手掌心发热，然后按摩耳壳腹背两分钟，使耳朵发热，从而达到缓解紧张情绪之目的。

• 双手钩拉法：双手弯成钩状互拉，拉紧再放松，再拉紧再放松。如此反复几次，情绪就会逐渐放松。

• 呼吸保健操：坐在椅子上，挺直腰背，把右手两个手指放在额头上，大拇指轻轻放在鼻子右侧，另一只手放在左侧。随着大拇指运动深呼吸4秒钟；用拇指和食指捏住两个鼻孔4秒钟，放开左侧鼻孔深吸气，然后慢慢出气4秒钟；深吸气，捏住鼻子4秒钟，然后两个鼻孔一起出气4秒钟。如此重复做4次，紧张情绪就会基本消除。

如何面对考试焦虑

• 找出考试焦虑症的影响根源，如老师、父母对考试成绩的要求是否合理。

• 正确看待考试的作用和价值，客观地认识和了解自己。例如，可以用清晰的书面语言记录下产生担忧的原因，把最关键的放在首位，以此类推，找出并看清消极的真正面目。

• 明确考试实质上是与自己竞争，最重要的是能够超越自己，尽力不断进行自我反省，向消极的自我意识挑战。

• 以平常心对待每一次考试，根据自己的实力提出切合实际的目标和要求，大胆走出焦虑的困境，自由发挥，考出自己应有的水平。

• 学习一些应对焦虑的方法。例如，可以把自己的优点写下来，把老师表扬自己、父母肯定自己的话记录下来，感受成功体验，增强自信心。

万一没考好怎么办

• 分析成绩不理想的原因。一般来说，经常影响考试成绩的因素有：身体不舒服、心理紧张、基础知识掌握不牢、有意外事件影响情绪等。

• 认真总结失败的教训，找到适合自己的学习方法。及时和老师探讨新的学习方法，并尽快调整。

• 感到情绪低落、自尊心严重受挫的时候，要积极寻求老师、父母和同学、朋友的帮助，摆脱困扰，重新振作起来。

请你判断下面的做法是否恰当，

恰当的请画上，不恰当的请画上。

1.期末临近，林丹开始紧张起来，为了保住前三名的地位，他晚上常常复习到十一二点。

2.期中考试成绩出来了，武洪的数学成绩不太理想，他找到老师帮他分析一下自己数学学习存在的问题。

3.苏鹏这个学期很认真地学习了物理，他希望期末考试能够拿到好成绩。考场上，他不想丢掉每一分，从一开始就仔细做每道题目，结果最后的大题没时间全答完。

4.明天就要考试了，小励此时没有复习，而是把自己的准考证和文具准备好，照常休息。

1. 林丹给自己施加了比较大的压力，以加班加点的方式学习，容易导致精神紧张、身体疲劳。

2. 武洪对待考试成绩的态度是正确的，通过考试了解自己的问题，才能迎头赶上。

3. 苏鹏在考试中没有注意把握时间，因而没有把自己最好的水平发挥出来。面对考试，我们需要掌握一些适当的应试技巧。

4. 考试是对平时学习的检验，“临时抱佛脚”不是恰当的做法。考前不要给自己太大的压力，以平常的心态参加考试更可取。

别让健身伤了身

体育锻炼中的安全事项

体育锻炼对于少年儿童来说好处多多，同时也存在一些隐患。所以，了解体育运动的相关安全预防措施，就可以避免一些损伤和意外。

高松课间时跑到学校的足球场上玩。当他看到足球门的时候，就忍不住跳上去抓住上面的横杆——他把足球门当作单杠来使用了。突然，足球门翻倒，高松被砸在了足球门下面。后来他才知道，原来足球门是活动的，四角还没有固定好，被当作单杠使用时，足球门的重心发生了偏移，倒下后砸伤了他。

实例 2

一天，张泽骑车带着李力外出，李力围着姐姐给他织的长围巾，坐在自行车的后车架上。他把围巾在脖子上围了两圈儿，围巾还那么长，那么飘逸，李力觉得自己很帅，很潇洒。骑着骑着，前边的张泽觉得车子突然难蹬起来，李力也突然不说话了，下车一看，只见李力两只手正死死地扒着脖子上的围巾，脸都憋红了。原来长长的围巾被卷进后车轮里，车子当然难蹬，缠进去的围巾越来越多，李力的脖子被勒得越来越紧，最后他险些被围巾勒死。

小知识：什么是运动损伤

运动损伤，就是指体育运动过程中发生的损伤。发生运动损伤的原因很多，主要有：思想上不重视；缺乏合理的准备活动；身体素质差；心理状态不良，过于紧张或兴奋；技术动作不熟练或技术上有错误；运动负荷较大；运动疲劳；组织方法不当；运动粗野或违反规则；保护措施不当；场地设备有缺陷；不良气象的影响。

青少年如何科学地进行体育锻炼?

毛毛升入初中后，计划利用每天下午的课外活动时间锻炼一小时身体。几天后，上晚自习时，他感到有些疲倦，而且总是犯困。老师说他是玩得太兴奋、太累了。毛毛想起来，下午打羽毛球时遇到了实力很强的同学杜俊，自己的体力消耗得太厉害了。

老师告诉毛毛，体育锻炼时需要自己判断和掌握运动负荷的大小。最合适的简易方

法就是测量脉搏和观察运动后自己的感觉。初中生运动量的平均负荷应该为130次左右/分钟。最高心率（最高心率=220-年龄）不要超过170次/分钟。在一次锻炼时，心率达到170次/分钟的运动不要超过两次。此外，如果运动后第二天出现了下列现象中的1~2项，也表明运动负荷过大：感觉软弱无力，精神不振；不想参加原本非常喜爱的运动项目；头痛、胸痛、头晕、失眠；食欲减退，容易口渴；运动时排汗量异常增加，而且出现夜间出汗现象。

根据老师的建议，毛毛逐渐学会锻炼时及时控制和调整自己的运动量。一个学期过去了，毛毛的感觉越来越好。他不但继续坚持体育锻炼，而且常常向其他同学介绍他查阅到的体育锻炼的知识。在他的影响下，他身边的许多同学都加入了下午课余时间的运动大军。

运动时着装要适当

• 衣着应宽松合体，适合自己的身材，但也不要过于肥大。如果可能，要尽量穿校服或者运动服，这样的衣服更适合运动。

• 要穿球鞋或者运动鞋、胶底鞋、布鞋等。

• 运动前要先检查自己的服饰，看有没有不安全的因素，如飘带、长围巾、链子、珠子等，如果有，要想办法把它们放在衣服内，或者取下来。

• 运动前要把衣兜里的东西掏出来，尤其是胸针、校徽、别针、小刀等尖锐的东西，免得摔倒时扎伤自己。

• 做垫上运动时，戴眼镜的同学要摘下眼镜。女生要摘掉发卡，或者把发卡换成皮筋、头绳等软的饰物。

运动前的准备活动要充分

- 体育运动前要先进行热身活动，避免肌肉拉伤、扭伤。

- 运动时要遵守规则，听从老师的指挥和安排，尤其是在进行器械运动时，更要仔细听老师的讲解，掌握好要领再开始运动，不要擅自尝试。

- 做动作时要严肃认真，特别是垫上运动，动作不认真很可能导致损伤，如扭伤颈部、伤害脊柱或者大脑。

- 健身器械各有不同功能，运动之前要仔细阅读器械上的说明，然后再进行锻炼。如果器械上没有说明，要向老师或者周围的人问明白，绝不可鲁莽地进行锻炼。

- 使用体育器械前要仔细检查是否存在老化、缺乏维修等问题。

体育运动的注意事项

- 短跑等项目要按照规定的跑道进行，不能串跑道。以免相互绊倒，导致受伤。

- 跳远时，起跳前双脚要踏中木制的起跳板，起跳后要落入沙坑之中。

- 投掷训练时，如投铅球、铁饼、标枪等。要按老师的口令进行，不能马虎，以免误伤他人。

- 跳高训练时，器械下面要放置好厚度符合要求的垫子，以免着地时，伤及腿部关节或后脑。单、双杠训练时，要避免双手握杠时打滑，从杠上摔下来，使身体受伤。

- 跳马、跳箱训练时，器械前要有跳板，器械后要有保护垫，同时要有人在器械旁站立保护。

- 参加球类等项目训练时，不要在争抢中蛮干而伤及他人。自觉遵守竞赛规则、尊重他人，也是在保护自己。

请你判断下面的做法是否恰当，
恰当的请画上☺，不恰当的请画上☹。

1.素素坚持每天下午长跑，跑步之前她总是要活动活动脚踝和手腕。

2.亚希发现操场的双杠有一面松动了，他告诉了体育老师。

3.下课后，林述看到几个同学在踢足球，他立刻加入他们，在足球场上左奔右冲。

4.下午的历史课和体育课临时调换了，米莲借了隔壁班同学的运动鞋去上体育课。

1. 😊 坚持体育运动对健康成长很有利，而且素素每次都做热身运动，这样可以减少运动损伤。

2. 😊 运动器械出现问题是造成意外伤害的一个主要原因，亚希注意到这个问题，并告诉了体育老师，可以避免因此而发生事故。

3. 😵 林述在进行剧烈运动以前，应该做些热身运动，使身体各部分逐渐适应较高强度的运动负荷。否则，可能导致身体不适。

4. 😊 参加体育运动时，要注意穿着适当，切记最好穿运动鞋进行运动。

面对误解笑一笑

宽容地对待同学

生活里有时会发生由于传言、多疑等原因而引起的误解，关键在于我们如何去面对。学会宽容别人，就不会为泄私愤而影响自己的情绪。

晓晔是班长，但最近她不想当班长了，因为她的几个好朋友都在误解她。前几天，老师点名批评了几个同学。事后，这几个同学认为是晓晔到老师那里打了小报告，就都不理她了。晓晔觉得很委屈，也很气愤这几个朋友对她的不信任。她决定不和他们解释，也不想再做班干部了。

小可的一支新钢笔找不到了，当她看见小玉的铅笔盒里有一支同样的钢笔时，就怀疑小玉拿了她的钢笔，并告诉了其他同学和老师。小玉心里很委屈，因为这支钢笔是前几天妈妈为了奖励小玉学习成绩有进步，特意买来送给她的。回家后，小玉向妈妈诉说了这件事情，请妈妈给老师打电话说明一下，以证实自己的清白。小可得知自己误会了小玉后，向小玉道了歉，两人冰释前嫌，关系比以前更好了。

国外有一位政治家，早年在一个富人家干活，富翁对他百般刁难。多年后这位富翁破产了，而这位政治家在政界却是风生水起。一天，那位富翁的儿子找到这位政治家，希望谋取一份工作。政治家不到一周时间就为他找到了一份工作。富翁的儿子有些不解，政治家却说：“宽容别人不仅是一种美德，而且也使自己的心境远离因为报复而产生的负面情绪。”

小知识：人际交往中的“南风效应”

“南风效应”源于一则法国寓言。这个寓言讲的是北风和南风比试，看谁能把行人身上的大衣脱掉。北风首先来，他鼓足全部力气吹起刺骨的冷风，结果行人为了抵御北风的侵袭，把大衣裹得紧紧的。南风则徐徐吹拂，行人顿时感到风和日丽，不再寒冷，他们开始解开纽扣。随着舒适的南风带来越来越多的温暖，行人陆续把大衣都脱掉了。南风获得了比赛的胜利。

如果你被同学冤枉了，会怎么做？

周四下午，大勇在教室里看书。离上自习课还有一刻钟时，坐在大勇后面的毅夫和志刚从外面回来了。两人都是满头大汗，毅夫一边从书包里拿出纸巾递给志刚擦汗，一边和志刚讨论着刚才的篮球比赛。这时，大勇的笔掉到了地上，他便弯腰捡起了笔。毅夫对志刚说："太热了，我请你喝水吧。"志刚高兴地点头答应，毅夫在书包里摸了半天，也没找到钱。他想：会不会是刚才拿纸

巾的时候掉了。随即他往地上看了看，什么也没有。突然想起刚才大勇弯腰捡东西的情境，他拍着大勇的肩，问道：“你有没有看到我刚才掉的钱？”大勇摇头说没有。毅夫又问：“那你刚才在地上捡什么呢？”大勇说是在捡笔，毅夫并不相信。看气氛有些紧张，志刚拍了拍毅夫的肩膀，说：“还是我请你吧。”说完就拉着毅夫向教室门外走去。毅夫回头瞥了大勇一眼，说：“有些人真是不道德，捡了钱不还。”大勇激动地站起来说：“你说谁呢!”毅夫头也不回地说：“说谁谁知道。”然后，就走出了教室。大勇既愤怒又委屈。不过，当气愤的情绪渐渐平静下来后，他想到毅夫冲动而直率的个性，决定和毅夫解释清楚这个误会。

一天下午，大勇把毅夫叫到教室外面，诚恳地向毅夫解释自己确实没有捡到他的钱，希望他能够相信。面对大勇的诚意，毅夫觉得自己有点太鲁莽了，他真诚地向大勇道歉。大勇深深地点了点头，两人的脸上都露出了温暖的笑容。

被同学误解要学会沟通

- 先检讨自己，想想自己的行为有没有可能引起对方误解的地方。如果有这样的行为，以后要特别注意。

- 如果被误解的事情牵涉到你的名声、人品，你可以向老师、班干部说出自己的苦恼，求得他们的理解和帮助。还可以把自己的想法告诉爸爸妈妈，他们也会帮助你。

- 若是小误解，并没影响到学习和团结，可以采取两种态度：一是不放在心上，相信时间可以证明一切；二是借着某个机会，在愉快的气氛中以轻缓的语言向同学解释。

- 如果误会一时无法解释清楚，你可以暂时不去理会，相信时间和事实迟早会证明你的清白。原谅别人也是一种美德。宽容别人不是软弱无能的表现，而是表明你有博大宽厚的胸怀。

被同学恶意中伤要冷静

- 遇到此类事情要冷静，不要急着和同学吵架，要先想想自己的行为有没有不对的地方。

- 如果可能，与对方进行沟通，或者请好朋友帮助你沟通，了解对方为什么恶意中伤你。

- 如果沟通无效，可以当面以理直气壮的口气指出对方的品行不端，不能怯懦。

- 如果对方无休止地一再恶意中伤你，你可以告诉老师和家长，寻求帮助。

- 切忌一时气愤，冲动行事，甚至发生暴力事件，这是极不理智的行为。

与同学发生矛盾要及时解决

- 首先要坦然面对矛盾。每个同学的脾气秉性各不相同，产生矛盾在所难免。

- 要学会沟通。产生误会的主要原因是沟通不够。你可以真诚地约请对方单独谈一次，把自己的想法跟对方说清楚。

- 矛盾发生时，要冷静，不要冲动，更不要激化矛盾，否则既解决不了问题，还影响了与同学之间的友谊。

- 沟通要讲究语言艺术，注意分寸，尽量使语气平和，以缓和紧张的局面。

- 可以依靠老师、同学来协助解决。

请你判断下面的做法是否恰当，
恰当的请画上，不恰当的请画上。

1.齐佳和柳梅是同桌，可是前不久柳梅不理齐佳了。因为柳梅向齐佳借一本参考书，齐佳没借给她。齐佳向她解释说当时她借给别人了，柳梅却认为是她不想借给自己。齐佳为了消除柳梅的误解，便买了一本参考书送给她，并附上一封短信表达自己的诚意。

2.丛翔和陈斌分别担任班长和团支部书记，老师把班里的许多工作都安排给他们两人负责。他们都是很有主见的人，经常出现分歧。不过，在争执之后，他们能够比较冷静地分析对方的见解，努力沟通，以达成一致的意见。因此，他们把班里的工作做得有声有色，同学们也常常为他们出谋划策。

1. ☺ 化解误会有多种方式，最主要的是能够表达诚意。齐佳买书当然可以很好地消除柳梅的误会，你还可以想到哪些办法呢？

2. ☺ 人与人之间的想法有差异是正常的，丛翔和陈斌懂得接受他人的不同意见，既可以使自己对事情考虑得更全面，还能够交到更多的好朋友。

羞答答的玫瑰

静悄悄地开

与异性交往要讲究方法

与异性交往是人际交往中重要的组成部分，建立良好的异性关系，不仅有助于提高学习能力，而且有助于丰富自身的情感体会，增强人际沟通能力。

心理老师

小晴被同学传言某男生喜欢她，而她觉得自己连话都很少和那个男生说，真不知道传言是怎么出来的。当好朋友向她打探的时候，她觉得真是哭笑不得。虽然是没影子的事情，她仍然分了心，学习也受到了影响。

某中学三楼的一个教室传出一阵哄笑后，一个瘦小的身影突然从窗口落下，跌入花坛摔伤。师生立即将伤者送往医院急救。伤者是该班的一名男生，他虽然无生命危险，但手、腰、腿多处骨折。这名男生为什么突然从三楼跳下呢？事后调查发现，原来是有同学开玩笑，说他“单恋”某个女生遭到拒绝。在一时激愤的情绪下，他为证明自己的“清白”，纵身跳窗而下。

小知识1：与异性同学交往的基本原则

自然原则：在与异性交往的过程中，言谈举止，既不过分夸张，也不闪烁其词；既不盲目冲动，也不矫揉造作。

适度原则：是指交往的程度和方式要恰到好处，让人能够接受，应以健康的动机、友善的态度和庄重的行为与异性同学交往。

小知识2：青春期性心理发展的三个阶段

- 对异性的疏离与排斥。这一阶段大约出现在小学高年级及中学低年级。由于对性别、性角色的心理认同的增强，以及对第二性征发育的不安和烦恼，使得一些学生此时对异性有意疏远。

- 对异性的关注与接近。大约在初中二三年级时逐渐明显。此阶段的少男少女对异性的关注具有明显的好奇性、试验性、模仿性和盲目性，其交往指向多是泛泛的，大多是因相互的好感而自然吸引。

- 对异性的追求与爱恋。随着对异性关注的增多和接近的频繁，初中高年级学生已经能感受到异性吸引的情感撞击和性欲的冲动。当这种心理较为专一地指向某一异性时，便有了纯洁而幼稚的初恋，并产生相应的追求行为。

正处于青春期的你，如何解决与异性交往方面的问题？

甜甜上初二了，好学的她经常向班里学习成绩优异的男生弘志请教。随着两人交往的逐渐增多，甜甜发现自己对弘志产生了特别的好感。当甜甜意识到这种情感后，既高兴又无措。最糟糕的是，这种情绪已经影响了她的学习。于是，她找到心理老师进行心理咨询，咨询后，她的担忧缓解了许多，也不再感到强烈的内疚。在心理老师的建议下，她与弘志的关系仍然很密切，不过，她有意识地避免单独接触，而是与几个同学一起学习和活动。因此，甜甜交了不少好朋友，同时，她的学习生活又快乐了起来。

与异性交往要讲究技巧

- 与异性交往要有自信心，既要看到异性身上的长处，也要看到自己的长处。

- 交往中要掌握疏而不远的分寸，既要亲切随和，又要注意尺度。

- 与异性朋友聊天，要以健康的内容为主题，不要乱开玩笑，也不要有不适宜的举动。

- 心中时时有根理智的弦儿，处在青春期的少男少女若因一时失去理智，偷吃“禁果”，就会后悔莫及，带来生理和心理上的伤害。

- 对异性的不当言行，要敢于说“不”，不能为了维护彼此的“感觉”，就处处容忍对方的不当行为。

- 了解和保护自己的身体不受侵犯，身体的隐私部位不可以让外人接触。如果有人对你进行身体上的侵犯或骚扰，你应该立刻告诉老师或家人，寻求帮助。

对于同学求爱处理要恰当

- 尊重对方的情感。别人主动向你求爱，是对你的信任和爱慕，应给予充分的尊重，并根据具体情况给予回答，且要保守秘密，不要到处张扬。

- 委婉拒绝对方示爱，不必紧张，跟对方讲明现在是学习知识、掌握本领的黄金时期，还是把心思用在学习方面为好，这样做既不会伤害对方的自尊心，也不会伤害彼此的友谊。

• 如果你也对对方有好感，那么你可以找机会将对方约出来深谈一次，说清楚现在还是应当保持同学关系。至于感情上的事，还是先放一段时间为好。

• 拒绝对方的求爱要坚决，不能犹豫和含糊，必须明确地告诉对方你的想法。如果你不把话讲清楚，对方也许不会真正明白你的想法，还会不断地打扰你。

请你判断下面的做法是否恰当，

恰当的请画上，不恰当的请画上。

1.小雅是初一的学生，一天，她收到一封同学武伟表达爱慕的短信。小雅平时与武伟关系不错，但是她认为现在不应该建立特殊的关系，于是她课后私下找到武伟，并坦诚地说明了自己的想法。

2.夏霄和仪然是同学，又住在一个小区，他们经常一起学习和玩耍。后来，班里就有传言说他们俩是一对，夏霄听后很生气，就再也不理睬仪然了。

3.六年级后，贾蓓的身体发育得很快，俨然长成了大姑娘，班里的不少男生都有意无意地找她聊天，她也喜欢和他们交往，经常和他们出去玩。

1. 小雅的做法比较恰当，既清晰地表达了自己的想法，又尊重了对方的感情，可以减少对彼此的伤害。

2. 夏霄的做法可以理解，不过却有些偏激，不够理智。一方面，他不必为了传言影响自己和同学正常的交往；另一方面，他的确应避免与仪然太多的单独相处，而应更多地在集体中交往。

3. 进入青春期，对异性的好奇和好感是很正常的，不过，要把握一定的尺度，还要注意交往的方式、内容和活动场合。贾蓓应该减少以玩为主的交往，特别是与男生单独外出活动。

助考药物要慎用

● 健脑安神药物的使用策略

少年儿童的大脑和中枢神经系统发育尚不成熟，滥用健脑类、镇静类的药物，会造成生理上和心理上的一系列损害。

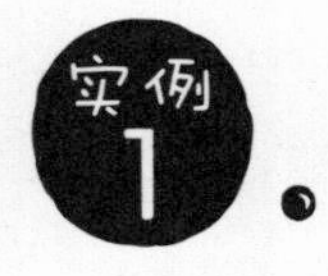

一位中学生苦恼地说："有一段时间我晚上睡不好觉，上课就打瞌睡，老师让背诵的课文、政治题等内容我根本记不住。我妈妈说我肯定是记忆力衰退了，就给我买了补脑补肾的药物。我吃了一段时间以后，感觉没有什么效果，反而开始掉头发、流鼻血……我们班其他一些同学也在吃各种补药，有的吃脑白金，有的吃补肾健脑丸，还有的我记不住药名了。前些天，一个同学吃药后居然起了满身疙瘩。我想知道，这些药到底该不该吃呢？"

小知识1：催眠类药物的副作用

全国中医睡眠医学研讨会提供的调查显示，服用安定类药物的病人中，50%以上在服药数周或数月后，都出现头昏脑涨、头疼、心烦意乱、口干口苦、心慌胸闷、出虚汗等各种不良的副作用。而且，服用这些药物易形成药物依赖，停用后会整夜睡不着。

小知识2：几种对大脑有益的食物

营养保健专家研究发现，牛奶、鸡蛋、鱼类、花生、小米、玉米、黄花菜、菠菜、橘子、菠萝等日常生活中的食物对大脑十分有益，可使人的思维更加敏捷，精力更为集中。

自护智多星 考试前，让考生服用健脑保健品，这样做科学吗？

陈颂是初三的学生。离中考虽然还有三个多月，但他已经能够明显地感受到紧张的备考气氛。班里许多同学已经进入倒计时的复习阶段，加班加点赶夜车的同学越来越多。同时，各种健脑、补脑保健品也开始进入了备考学子们的生活。班里半数以上的同学都在吃“补脑”“健脑”一类的保健品。妈妈也想让陈颂服用健脑一类的保健品。不过，想到各种夸大其词，甚至互相矛盾的宣传广告，陈颂和妈妈决定咨询一下专家。一位营养和食品卫生学教授告诉他们，很多保

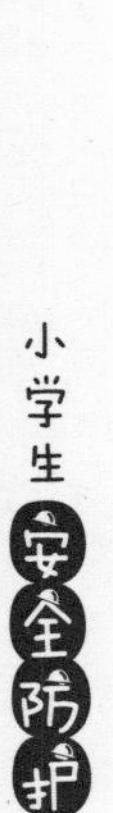

健品的确含有脑发育需要的营养成分，但从医学上讲，人类脑发育的最关键时期应该在母亲怀孕之后到孩子7岁之前。7岁以后的孩子大脑发育已经稳定，与成年人没有太大差别，再补脑效果也不会太明显。而且，脑保健品中的不饱和脂肪酸、维生素、脑磷脂、微量元素等营养成分都可以通过正常的饮食摄取和在体内合成。目前，保健品市场仍然良莠不齐，若不慎重，效果往往适得其反。与其把希望寄托在脑保健品上，不如合理调整饮食结构，保证营养均衡，同时注重生活规律，休息得当，这样会更有利于孩子的身体发育和学习。

听了专家的介绍，妈妈不再为服用哪种保健品费心思，而是更多地考虑如何搭配饮食。陈颂在努力保证生活规律的同时更加注重掌握有效的学习方法，提高学习效率。紧张的初三学习生活仍然在继续，陈颂生活得充实而有收获。

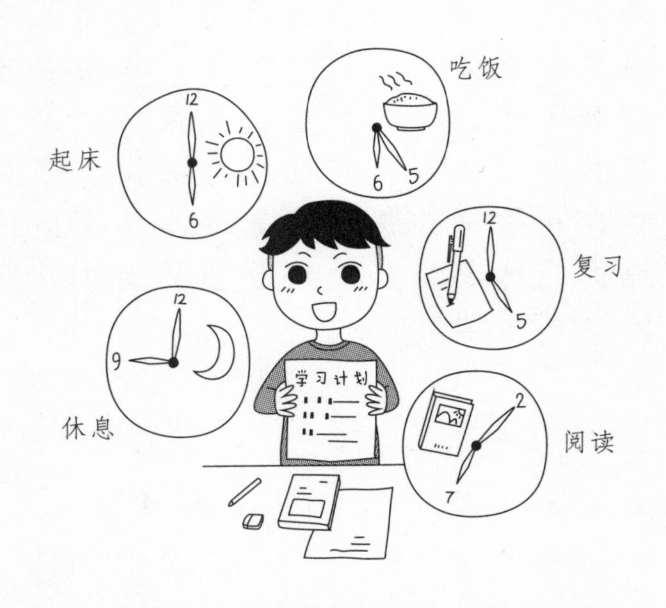

考前最好的四种补药

● 睡眠：每天按时睡觉是大脑的最好补药。辛苦了一天的大脑，背诵了各种知识，计算了很多数学题，还记忆了一些单词，它也累了，需要休息。所以，要想让大脑第二天有更充沛的记忆力为你服务，就要每天按时睡觉。不要熬夜复习，熬夜只会伤脑，也破坏了每天的学习规律。因此，要保证至少8小时的睡眠，使大脑充分休息。午间如果有条件，也可以稍事休息，闭上眼打个盹儿，都能使大脑得到放松。

• 锻炼：适当的体育锻炼，可以补充体力，促进大脑组织细胞的新陈代谢，提高大脑兴奋度，从而使记忆力和思维能力都有所提高。除了平时的锻炼外，考试前要进行一些舒缓的运动项目，既能保证身体锻炼的需要，又不至于使自己过度劳累。慢跑、做操、游泳、散步，都是很好的运动。

• 饮食：考试前的饮食也很有讲究，多吃一些清淡的食物，如粥、汤、绿色蔬菜等，有利于平复紧张的情绪。另外，鸡蛋、牛奶、瘦肉、海鲜等高蛋白物质也很重要，它们可以提高人体免疫力，使你精力充沛地面对考试。

• 休闲：学会适度休闲，缓解考试压力。有的备考学生为了考试拒绝一切娱乐活动，这样反而使备考的压力无法得到释放，导致出现烦躁、注意力不集中等考前综合征。因此，科学有度的休闲活动，也是考试成败的重要因素。

请你判断下面的做法是否恰当，
恰当的请画上☺，不恰当的请画上☹。

1.小凡一升入初三，爸爸妈妈就极力主张他服用各种补充维生素的保健品。他不太想吃这么多保健品，不过既然父母让吃，说明书上又说没有什么副作用，他认为那就吃吃也无妨。

2.14岁的珍珍身高1.5米，体重已经近60公斤，不少人向她推荐过各种减肥药品。不过，她计划通过体育锻炼来控制体重。

3.最近一个月，白焘为了赶功课经常熬夜。上周开始他感到有些头疼、食欲不佳，妈妈说他用脑过度，让他吃一些“补脑”保健品。

4.崔洁近来睡眠不好，为了能够安然入睡，她就试着服用了妈妈的安眠药。

1.(××) 获得身体各种营养素最主要的途径是合理的日常饮食，正常情况下，不需要额外服用各种保健品。如果身体确实缺乏某些维生素，也应该在医生的建议下服用。

2.(笑脸) 珍珍确实需要减肥，不过体育锻炼才是首选的好办法。

3.(××) 白焘身体不适，首先应该去看医生，其次要保证睡眠和有规律的生活。也许某些健脑保健品能够使大脑短期内处于兴奋状态，但“补脑”保健品不能替代正常的休息，长此以往，会不利于身体发育和智力发展。

4.(××) 安眠药对神经中枢有重要影响，是不可以随便服用的，特别是少年儿童的神经系统发育尚不完善，不当服用安眠药可能造成严重后果。

意气用事

别 被 义 气 蒙 蔽 双 眼

同学情谊固然重要，但盲目地讲义气，冲动之下鲁莽行事，则是害人害己。

体育课上，男生分成两组在操场上踢足球。下课时，吴明那组不小心被对方踢进去一个球，吴明很不满，忍不住埋怨守门员张浩：“蠢货！你怎么能让人家踢进去一个球呢！”张浩的好朋友李军见状，哥们儿义气一下子就上来了，他冲着吴明喊：“进球也不是他的错，有本事你自己守门！”吴明一见李军帮腔，就冲李军说：“我说张浩，又没说你，狗拿耗子多管闲事！”李军忍不住骂道：“呸，瞧你那德行！”吴明顿时火冒三丈，挥起拳头对着李军的脸部就打了一拳。随即，两人打了起来。这时，体育老师来了，问发生了什么事。吴明告诉老师说李军多管闲事。老师劝了劝他们。当时，两个人都说自己错了，李军还在老师的要求下向吴明道了歉。

李军回到教室，越想越生气。自己1.82米的大个子，竟然被吴明打了，还被告状说自己多管闲事，这也太窝囊了！于是从自己书包里翻出一把雪亮锋利的蒙古刀，别在后腰，冲出了教室。一出来，就看见正准备回教室的吴明，他一把拽住吴明，说："你刚刚打了我，要向我道歉！不然我就杀了你！"吴明见状，挥手又打了李军一拳，说："杀我？好大的口气！有种你就杀呀！"李军被吴明一激，热血直往头上涌，忍不住从背后拔出刀。吴明见李军真的有刀，发觉不妙，转身就跑，李军在后面追。吴明突然停下来想回身夺李军的刀。不料，李军刹不住脚步，他的刀恰好扎在吴明的背上。慌了神的李军拔出刀，又对着吴明的腰部扎了一刀！

结果，吴明虽被送到医院抢救，但因流血过多而死亡。一条年轻的生命，就这样毁了。李军因故意伤害罪被判刑。经过法院调解，李军家赔偿了吴明父母人民币11万元。

小知识1：什么是义气

义气的原意是刚正之气，是指正义的气概，是为了友谊宁愿冒险或不惜牺牲自己的气度，这种气度是有原则的。但是，由于一些人过于意气用事，使“义气”一词发生了变化，似乎谈到义气，就是为了哥们儿两肋插刀，不讲究原则。所以我们常用“意气用事”“兄弟义气”来形容为了友谊不顾原则、盲目冒险的行为。

小知识2：讲义气的原则是什么

讲义气是要有原则的，在朋友有困难的时候及时帮助，但这种帮助首先是力所能及的，是尊重朋友的，讲义气的过程中不能伤害无辜的人。

义气帮不了朋友，正确的人生观才是救朋友出困境的钥匙。

魏涛在重点中学读初中一年级，不仅学习好，而且还热心肠。遇到同学有困难，他总是第一个出来帮忙。父母对此也非常骄傲。

魏涛有个朋友叫赵东军，比他高两个年级。有一次，魏涛在放学的路上被人拦截，赵东军出面帮魏涛解了围。从此，两人就成了好朋友。魏涛也了解了赵东军家的情况——他的父亲因车祸而去世，母亲改嫁，他和奶奶一起生活，日子过得很艰难。于是，魏涛常把自己的零花钱送给赵东军。妈妈给他买文具的时候，他也总是要求妈妈多买一份送给赵东军。后来，赵东军的奶奶去世了，魏涛就带着赵东军回家住了一段时间。然而，这不是长久之计。后来，赵东军还是离开了魏涛家。

一天，魏涛在放学的路上又遇见了赵东军。赵东军把魏涛拉到路边，悄悄地对他说：“好弟弟，我现在寄居在我的亲戚家里，他们对我一点儿也不好。我不想在那里住了，我想自己养活自己。”魏涛说：“你怎么自己养自己呀？”赵东军说：“我想去摆摊卖货，不过现在我没有本钱，所以，需要你的帮助。”接着，赵东军又神秘地说：“我想去弄几辆自行车来卖。我已经看好了，鸿福小区的自行车大多数都比较新，还没有人看管。明天晚上我去弄，你帮我望风就行！”魏涛明白了，原来赵东军是要去偷自行车。赶紧严肃地说：“那可不行，我和

你是好朋友，我愿意帮助你，但是这件事我不能干。再说，这么做不是害了你吗？”赵东军生气地说：“没想到你这么胆小！我不怪你。不过，我已经决定了，我一定要离开亲戚家，自己养活自己！”结果，两人不欢而散。

晚上，魏涛生怕赵东军干傻事，于是，他把这件事告诉了妈妈。第二天，妈妈帮赵东军在一个小饭店找到了打工的活，还和魏涛一起去了赵东军的亲戚家，和他的亲戚讨论了赵东军的成长问题。真正地帮助赵东军渡过了难关。

怎样才算讲义气

- 朋友有困难的时候帮助他。
- 朋友有烦恼的时候开导他。
- 有快乐一起分享，有困难一起承担。
- 看到朋友的缺点要及时指出来。

朋友说我不够意思怎么办

- 当你不能“够意思”地帮助朋友时，要及时向朋友解释，请求他的理解和原谅。

- 如果是违犯法律和道德的“够意思”，宁可丢了朋友也不能去做。

- 真正的朋友不会拿义气说事儿来让对方为难，互相体谅，真诚相交，才是真正的友谊。

朋友不够义气怎么办

- 先想想是不是自己的要求超出了朋友能帮助的范围。

- 对朋友要多宽容，朋友可能是有难处才无法帮你。

请你判断下面的做法是否恰当，

恰当的请画上☺，不恰当的请画上☹。

1.鲍钢晚自习上总爱讲话，好友陈安康提醒了他很多次都不管用。这天陈安康忍不住说："你每天上晚自习的时候都讲话，这样既耽误自己学习又干扰别人，如果你再这样我就报告老师了！"鲍钢非常生气，心想，你居然要打小报告！于是他不理陈安康了，还对别人说陈安康不配做朋友。

2.王博和同学们在操场玩篮球的时候手机丢了，好朋友战枫看见王博难过的样子非常生气。第二天，他们又到足球场踢球，战枫趁着周围的同学不注意，偷了外班一个同学的手机给王博。

3.放学路上，美娟被几个男生嘲笑太胖，他们还大声地起哄。美娟把这件事告诉了好朋友晓红。晓红在学校人缘很好，又爱打抱不平，于是，她准备揍那些嘲笑美娟的男生一顿。美娟知道后，赶紧制止了晓红。

1.鲍钢对陈安康的话感到生气，主要是因为陈安康说要报告老师，因此认为他不够朋友。这件事首先鲍钢做得不对，朋友就是要互相帮助，陈安康能坦率地帮他指出缺点，他应该高兴有这样一个好朋友。

2.战枫为同学王博手机丢了而着急，是够义气的表现。但是他为了王博去偷手机，就是错误的行为了。帮助朋友也要讲原则，不能危害他人的利益。

3.美娟的做法是对的，虽然几个男生嘲笑她很不礼貌，让美娟很伤心，但是她还是能理智地制止晓红的做法。晓红为朋友打抱不平的心情可以理解，但是纠集一些人打架，就不是真正的义气了，而是鲁莽行事。

校园小霸王不可怕

沉着应对
校园暴力

校园暴力伤害发生在朝夕相处的同学当中，受害者和害人者都是未成年人。由此造成的身体以及心理的伤害尤为严重。

一天，小晶被6名女生拉进巷子里，殴打了近45分钟。旁边有一名男生用手机拍摄了整个过程。视频里，6名女孩不停地嬉笑，甚至对着镜头做鬼脸。一个女孩一把脱下小晶的衣服摔在地上，拿着鞋子冲小晶头上打。旁边两名女生边笑边数着拍子打小晶耳光。还有一个女孩按住小晶肩膀，朝她肚子使劲踹……事后了解到，他们原本想去公园玩，却偶遇有过节儿的小晶，就想趁机泄愤。

开平某中学的7名女生，因为怨恨另外一名女生在背后说过她们的坏话，于是，就纠集了4名男生，对该女生进行打击报复。事发当夜，7名女孩在开平市内一家网吧里找到了受害少女，强行把她从网吧里拉了出来，然后脱掉她的衣服集体殴打。后来她们又将受害少女带到一家旅店，并约来4名男孩，对受害女孩施暴。

小知识：什么是校园暴力

校园暴力也被称为校园欺凌，是同学之间欺负弱小的行为。有的同学因为年龄大、个子高、力量大或者人多势众等，欺负年龄小、个子矮、力量小或者寡不敌众的人。欺负的行为也是多种多样的，例如，起绰号、嘲笑谩骂、孤立排挤、勒索敲诈、拳打脚踢、揪头发、撕坏衣服、撕碎书本或书包等等，都是校园暴力行为。

若小朋友遭遇抢劫勒索，要及时向父母长辈求助。

“六朵花”是一个未成年少女结伙抢劫、盗窃团伙的别称。其成员先后多次拦截殴打他人，并强行索要他人财物。

这次她们拦截的是一个低年级男生，男生看起来个子小小的，很内向，也没有多少朋友，平时都是自己独来独往。“六朵花”已经观察他好多天了。于是，她们在放学路上拦住了他，把该男生书包里的钱全部掳走。并且还威胁他下周一必须再拿500元保护

费来。周一很快到了，她们看见那个男孩远远地走过来，还和以前一样孤单地一个人，低着头，时而抬头东张西望，看起来有些害怕的样子。当男孩走近时，女生们围了过去。“钱带来了吗？”其中的“一朵花”逼近了问，小男孩哆哆嗦嗦地从书包里往外掏钱，掏出一张皱巴巴的百元钞票，对女孩们说：“只有这些了，姐姐们饶了我吧！”她们看到只有100元钱，很生气，其中一个女孩一把拽下了男孩的书包，把书本、文具都倒在地上开始翻找，另外几个女孩对小男孩推推搡搡……

这时，有两个人冲过来，一个是小男孩的老师，另一个是他的爸爸。原来，男孩在第一次被抢劫后，回家哭着告诉了爸爸。爸爸去学校找了老师，又安排男孩今天按时送钱，他和老师则悄悄地跟在男孩后面，伺机而动。

被孤立排挤怎么办

● 要尽可能主动地与同学们交往，多参与集体活动。

● 检讨自己的行为，看看问题是否出在自己身上。如果是，要及时改正。

● 多发展兴趣爱好，这样才能和大家有共同的活动和话题。

● 看到同学们的优点和长处要多赞扬，借此拉近同学之间的关系。

● 自己无法解决时，可以寻求老师和家长的帮助。

路上被同学拦截勒索怎么办

- 寡不敌众，最好不要反抗，先把钱给对方，避免自己受到伤害。

- 可趁着有行人的时候大哭，最好能引来他人围观。这样，对方很可能会心虚地逃跑。

- 一定要把发生的事情告诉家长，到学校要告诉老师。即使对方没有抢到钱，也要及时告诉家长。

- 必要时可以到公安机关报案。

遭遇高年级同学打骂怎么办

- 如果实力悬殊，不要与对方正面冲突，保护自己不受伤害最重要。

- 争取向路人寻求帮助。

- 对方提出的一些条件要先答应下来，然后再寻找逃跑的机会。

- 敏感时期，可以让家长护送一段时间。

- 情况严重时，一定要报警。

请你判断下面的做法是否恰当，
恰当的请画上☺，不恰当的请画上☹。

1.雨溪总是被宿舍里的几个女生孤立，她们对她视而不见，晚上回来稍微晚些，她们就把灯给关了。平时几个女生在宿舍里有说有笑，看见雨溪回来就立刻闭嘴了。为此雨溪偷偷哭过好多次。

2.上学路上，张昊宇遇到了学校里的几个坏蛋，一个大个子看见张昊宇手里的苹果手机，伸手就抢。张昊宇死死地抱住手机，他心想：今天就是死也不能把手机给他们。于是，男生们对他一顿拳打脚踢。

3.张翰最近特别苦恼，学校里的几个小混混经常拦住他，跟他要保护费，他们说如果不给保护费就揍他。张翰没有钱，又不敢向老师报告，他怕那几个小混混报复他。因此，他正在策划着去哪儿能偷点儿钱来给几位“大哥”交保护费。

1. 被同学孤立可能有什么误会，或者雨溪在哪些方面曾经做得不够好，建议雨溪多和大家解释。另外，姐妹们住在一起难免有磕磕碰碰，希望雨溪能宽容对待。被孤立的时候一定要先从自己身上找原因。

2. 张昊宇为了财产而不顾生命，实在是冒险。任何时候生命和健康永远比财物珍贵，当势单力薄时，宁可先放弃手机，并要记住他们的相貌。事后再想办法把手机找回来。

3. 对这种索要保护费的行为，一定不能妥协。如果你给了保护费，他们还会要第二次、第三次，一直不停地要下去。所以，最好的办法是报告父母或老师，向大人们寻求帮助。